I0068430

ACADÉMIE ROYALE
DES SCIENCES,
ARTS ET BELLES-LETTRES
DE CAEN.

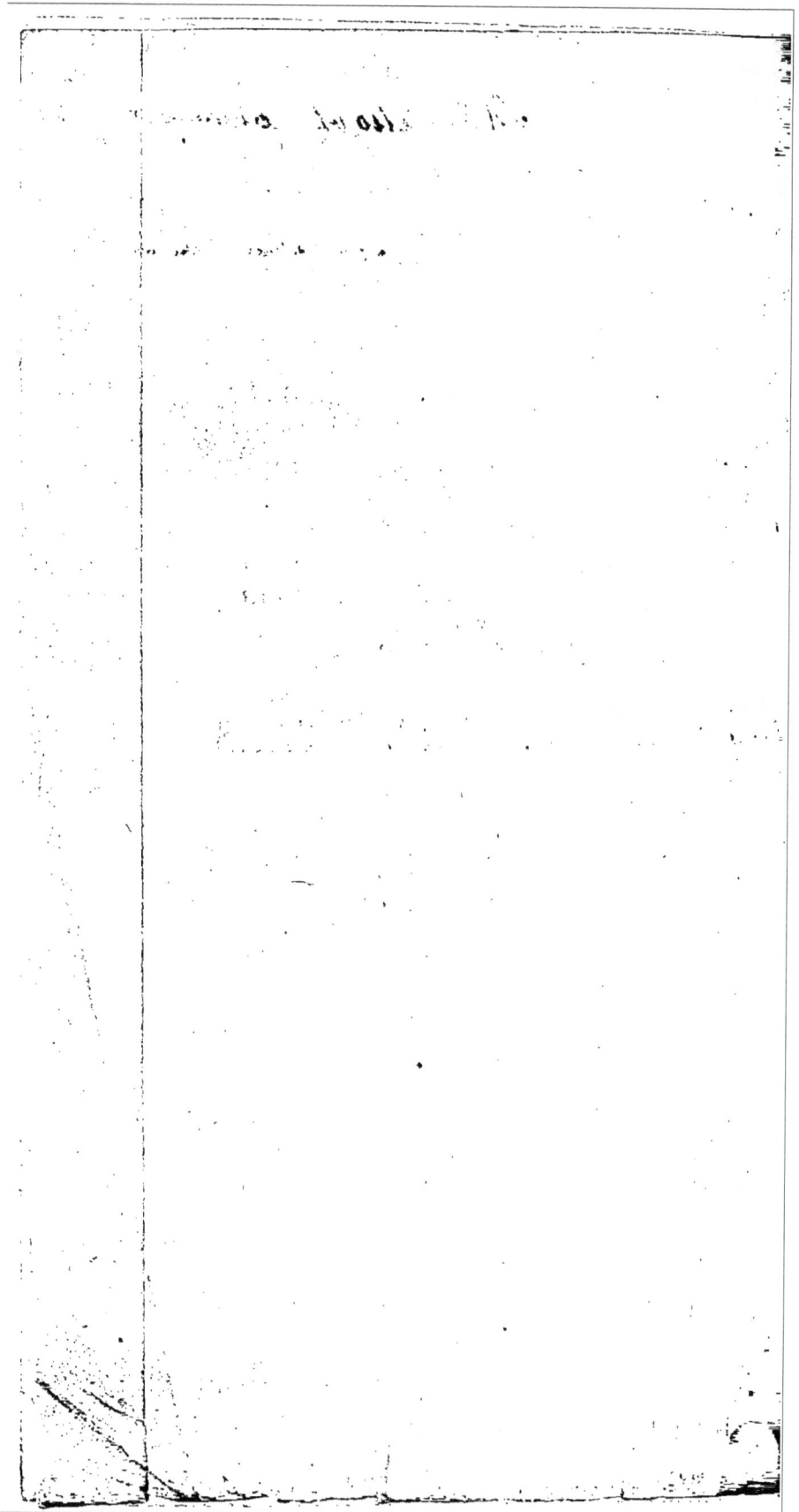

D

MÉMOIRE

SUR LA

TOPOGRAPHIE MÉDICALE

DE L'HOTEL-DIEU

DE CAEN,

LU A L'ACADÉMIE LE 9 DÉCEMBRE 1825,

PAR M. TROUVÉ,

MÉDECIN EN CHEF DES HOPITAUX ET DE LA MAISON DES ALIÉNÉS DU BON-SAUVEUR DE CAEN, PROFESSEUR A L'ÉCOLE SECONDAIRE DE MÉDECINE, MEMBRE DE L'ACADÉMIE ROYALE DES SCIENCES ARTS ET BELLES-LETTRES, DE LA SOCIÉTÉ DE MÉDECINE ET DE LA SOCIÉTÉ LINNÉENNE DE LA MÊME VILLE, MEMBRE CORRESPONDANT DE L'ACADÉMIE ROYALE DE MÉDECINE DE PARIS, ETC.

ACADÉMIE DE CAEN

CAEN,

CHEZ T. CHALOPIN, IMPRIMEUR DE L'ACADÉMIE.

———

1826.

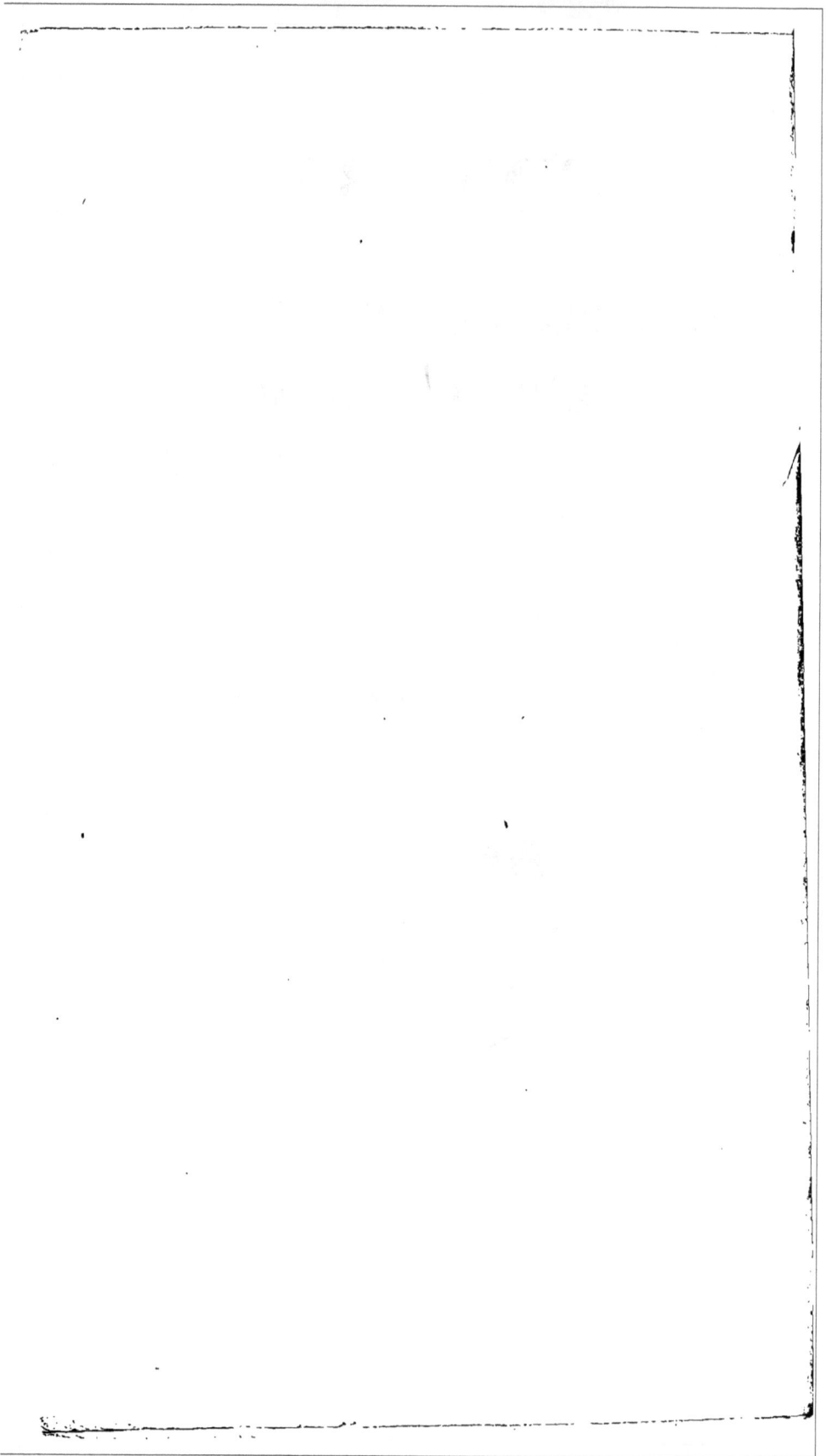

MÉMOIRE

SUR LA

TOPOGRAPHIE MÉDICALE

DE L'HOTEL-DIEU

DE CAEN.

MESSIEURS,

Dans tous les temps, ceux qui, par état, ont été chargés de la conservation de la santé de l'homme, et de son rétablissement lorsqu'elle a été dérangée, ont attaché avec raison une grande importance à la connaissance des localités dans lesquelles le hasard, leur goût ou leur intérêt personnel les avaient fixés.

Si les principes généraux, si les vérités fondamentales de la médecine sont applicables à tous les pays, à toutes les contrées, à tous les hommes, à tous les âges et aux deux sexes ; il n'en faut pas moins recon-

naître aussi que , dans son application pratique , la
médecine doit être modifiée suivant une multitude de
circonstances locales, qui tiennent tantôt à la nature du
sol, tantôt à son élévation ou à son abaissement, tantôt
aux qualités habituelles de l'air , à son humidité , à
sa sécheresse , à ses variations plus ou moins subites ,
à la nourriture dont les habitans font usage , aux travaux auxquels ils se livrent, à leurs mœurs, etc.

Il existe donc une médecine de localité : cette vérité
étant bien sentie, il faut reconnaître encore que le médecin , pour agir avec succès et conscience , doit s'attacher à bien étudier et à bien connaître la localité où il
exerce son art. Cette connaissance lui est aussi indispensable, que la connaissance géographique d'un terrain
où doit se livrer une bataille, l'est au général qui doit
diriger cette opération militaire.

Il ne faut pas croire que les différences topographi-
ques ne sont sensibles qu'entre les différentes parties
du monde, entre les différents climats , entre les différentes portions d'un royaume. Elles se remarquent
encore dans le même département , dans le même
arrondissement, et jusque dans la même cité; ainsi,
en prenant pour exemple l'heureuse contrée que nous
habitons, il n'est personne qui ne convienne que la
population du Bocage ne ressemble nullement à celle
de la plaine de Caen, et que celle du pays d'Auge a
aussi des caractères physiques et moraux qui la font
différer des deux premières.

Ainsi , la taille moyenne des hommes du Bocage est

de cinq pieds un pouce ; ils perdent leurs dents de très-bonne heure ; ils ont le pied plat et dévié en dehors, ce qui rend la malléole interne très-saillante, etc. La taille des hommes de la plaine de Caen est de cinq pieds trois pouces et plus ; ils sont bien faits, bien musclés ; ils ont la jambe fine, le mollet détaché ; ils sont forts, nerveux, etc. Ceux du pays d'Auge ont bien aussi une haute stature, mais ils ont la fibre molle ; ils prennent promptement un embonpoint excessif qui ressemble à de la bouffissure ; ils ont les jambes grasses, gorgées, souvent variqueuses ; leurs mouvements sont lents, leur intelligence paresseuse, etc.

Des différences analogues se remarquent chez les femmes : celles du Bocage, qui partagent tous les travaux de l'autre sexe, sont très-petites, maigres ; elles ont les mamelles très-peu développées ; elles ont la peau tannée par le soleil ; elles ont les articulations très-grosses ; elles sont très-nerveuses, très-fécondes, et accouchent facilement. Celles de la plaine de Caen et du pays d'Auge, dont les travaux sont moins pénibles, sont d'une stature plus élevée ; leur peau est blanche, peu hâlée par le soleil, même celle du visage ; elles ont de l'embonpoint, les mamelles très-développées ; elles sont moins fécondes et cessent de l'être plutôt que celles du Bocage.

Je me borne à relater ici ces différences, dont j'aurais pu porter la comparaison plus loin et l'étendre aux populations de notre littoral, si ce n'eût été m'éloigner du but que je me suis proposé.

J'en veux surtout arriver à cette conclusion, que toutes ces différences doivent être rapportées à des influences hygiéniques locales, autant qu'à des transmissions héréditaires. Mais si ces différences sont remarquables dans l'état normal, elles ne le sont pas moins dans celui de maladie; elles impriment en effet une physionomie particulière aux affections morbides que les médecins de chaque contrée doivent reconnaître plus facilement que ne pourraient le faire des médecins étrangers à ces localités; elles commandent également des modifications thérapeutiques très-nombreuses. Ainsi, s'il est vrai que dans le bas pays d'Auge les irritations intermittentes y prennent très-promptement le caractère pernicieux, il est urgent d'administrer dans cette localité, beaucoup plutôt qu'on ne le ferait ailleurs, le fébrifuge par excellence, etc.

Il serait à désirer que chaque médecin donnât la topographie de la contrée qu'il habite : c'est avec l'ensemble de ces éléments qu'une tête forte et savante pourrait mettre au jour la topographie générale du royaume, pour laquelle il existe déjà de nombreux et bons matériaux.

C'est donc une vérité de tous les temps et de tous les lieux, qu'il est indispensable de connaître la localité dans laquelle on exerce la médecine. J'ai dû me pénétrer de cette vérité, lorsque j'ai été chargé en chef du service de santé de l'Hôtel-Dieu, et surtout lorsque cet établissement de charité a été transféré à St.-Gilles. C'est donc sur la topographie médicale du nouvel Hôtel-

Dieu que j'ai aujourd'hui en vue d'appeler votre attention. Je n'ai pas la prétention de vous présenter un travail complet, qui ne peut être que le fruit du temps ; je ne veux, pour le moment, que vous faire connaître les matériaux que j'ai déjà recueillis et qui pourront servir, à moi ou à d'autres, pour un travail plus digne de son objet et de vous. Dans celui auquel je me suis livré, j'ai dû m'attacher rigoureusement à la précision des faits, à l'exactitude des descriptions : les tours oratoires, l'élégance du style, qui charment tant un auditoire et le disposent si favorablement, me sont interdits ; j'ai donc besoin pour être rassuré de compter sur votre bienveillante attention.

Historique.

Le nouvel Hôtel-Dieu est établi dans l'abbaye de Ste-Trinité, qui fut fondée en 1066, par Mathilde de Flandres, femme de Guillaume II, duc de Normandie. Le corps de bâtiment qui est affecté à l'hôpital est tout moderne et date d'environ un siècle. C'est, d'après notre savant collègue, M. l'abbé De la Rue, un religieux bénédictin nommé Tremblaye, qui en fit le plan : l'exécution eut lieu de 1722 à 1726.

Nos troubles civils ayant mis ce bel édifice à la disposition des gouvernements qui se sont plus ou moins rapidement succédés, nous y avons vu établir aussi successivement des casernes, des ateliers militaires, des magasins à fourrages ; nous l'avons vu faire partie du domaine de la sénatorerie ; plus tard de celui de la légion d'honneur ; enfin, en 1812 il est devenu le dépôt de mendicité : cette dernière destination n'ayant

pas répondu aux vues philantropiques qu'on s'en pro-
mettait, le dépôt fut supprimé, et le 6 novembre 1823
la translation de l'hôpital s'y est solennellement faite.

Le moment de la restauration était favorable ; la
passion des conquêtes, qui sous le gouvernement qui
l'a précédé, entraînait toutes les pensées hors la France,
s'est alors reportée sur tous les objets d'utilité intérieure ; les établissements de charité s'en sont res-
sentis.

Vous le savez, Messieurs, ce fut aux soins éclairés, ce
fut au zèle infatigable de M. le comte de Vendeuvre (1),
aidé des administrateurs de la ville et des hospices, ce fut
à la haute influence du premier magistrat du département, que les pauvres malades durent l'inappréciable
bienfait de sortir d'un établissement où tout rappelle la
tristesse du tombeau et l'insalubrité qui y conduit. C'est
à ces amis de l'humanité que nous devons l'utile et pieuse
destination à laquelle se trouve rendu l'un des édifices
historiques les plus beaux que notre cité possède ; leur
éloge se trouve tout entier dans le monument même,
consacré aujourd'hui à la demeure des pauvres malades ; leurs noms y resteront à jamais attachés : *pos-
teritati narratur et traditur super stes erit*, et quelles que
soient les récompenses réservées à leurs éminens ser-

---

(1) M. le comte Louis D'Osseville, qui a succédé comme maire
à M. le comte de Vendeuvre, appelé à la préfecture de Rennes,
n'est pas moins que son prédécesseur animé de l'amour du bien
public, et l'on ne doit pas moins attendre de ses vertus et de
son administration.

vices, ils n'en pourront jamais obtenir de plus durables, de plus satisfaisantes pour le cœur, que celles que toutes les classes de la société leur ont décernées le jour de la solennité inaugurale du nouvel Hôtel-Dieu.

L'Hôtel-Dieu, considéré comme établissement de charité, est un des plus magnifiques, un des plus commodes et des plus salubres qui puisse sortir de la main de l'homme; et je ne crains pas d'affirmer que la ville de Caen, sous ce rapport, n'a rien à envier aux autres villes du royaume, même les mieux partagées.

C'est au zèle des administrateurs des hôpitaux, c'est à la perfection apportée dans le mode d'administration, ainsi qu'à l'application des sciences physiques et chimiques, à celle des arts mécaniques dont les progrès ont été immenses dans ce siècle et celui qui l'a précédé, qu'il faut principalement attribuer les métamorphoses heureuses opérées en France, dans la plupart de nos hôpitaux et de nos hospices; et s'il était permis de juger de la perfection d'un siècle par ses établissements de charité, nous pourrions dire que le nôtre est supérieur à tous ceux qui l'ont précédé.

Mais je reviens à notre Hôtel-Dieu, « il est établi *Situation.* « selon les conditions que voulait Varron, *bonæ regio- nis et boni cœli,* » dans le faubourg St.-Gilles, à vingt-cinq mètres au-dessus du niveau de la rivière d'Orne, sur le penchant d'un coteau adossé au nord, sur un terrain qui représente une surface de quatorze hectares, cultivé en jardins, en pâturages, et où la végétation est vigoureuse, ainsi que l'attestent les ormes, les tilleuls, les peupliers, les maronniers , les arbres fruitiers de toute espèce qu'on y a plantés, et les plantes potagères qu'on y récolte.

L'Hôtel-Dieu de Caen offre un avantage de situation fort rare ; il est isolé de la ville , sans en être éloigné ; aucune usine, aucune construction élevée , aucune voirie, aucune source d'émanations malfaisantes n'existent dans ses environs; il est situé dans le lieu qu'on aurait choisi pour la demeure d'un prince : sa position obligée ne s'est pas heureusement trouvée en raison inverse de la salubrité, comme cela a lieu dans beaucoup d'hôpitaux, où la science et l'art mis à contribution de toutes manières, n'ont pu faire disparaître tous les inconvénients attachés à certaines localités.

Sol.

Le sol sur lequel est situé l'hôpital est composé , d'abord, d'un banc calcaire très-épais, d'où l'on peut extraire des blocs considérables très-propres à bâtir, et peu susceptibles d'être salpêtrés ; cette couche calcaire est recouverte d'une terre rouge argileuse, laquelle est elle-même recouverte d'une couche épaisse de terre végétale ; au nord du coteau de l'hôpital se trouvent des plaines très-fertiles et très-bien cultivées en blé et autres plantes céréales ; au midi et au bas de ce même coteau se découvre une prairie immense , des terrains bien cultivés en jardins potagers et d'agrément ; de quelque côté que les yeux se portent, ils sont frappés par une végétation riche et variée. Toute cette belle vallée est arrosée par des sources d'eau vive, et par un ancien contour de l'Orne ; elle est traversée dans toute sa longueur par cette rivière qui se rend à la mer en marchant de l'ouest à l'est, et dans laquelle le flux et reflux de la mer se font sentir, ce qui établit deux fois par jour dans la vallée une ventilation salutaire, qui contribue pour beaucoup à annuler les mauvais effets des émanations qui s'élèvent toujours d'une prairie humide et des fossés qui la coupent en divers sens. C'est au voisinage de la mer, qui n'est qu'à trois lieues, qu'il faut attribuer la fraîcheur des matinées et des soirées, et les variations subites de l'atmosphère, auxquelles sont si sensibles les étrangers, et qui leur font supporter avec peine, dans les premiers temps de leur séjour, le climat de la ville de Caen.

De l'hôpital on découvre une espèce de panorama dans lequel figure à droite la ville de Caen, que l'on domine de manière à en pouvoir distinguer tous les édifices et le port; en face le coteau sud de Mondeville et Ste.-Paix; à gauche le même coteau, qui se continue; le cours de l'Orne et ses contours, que la vue suit presque jusqu'à la mer, et sur lequel voguent continuellement des barques et des navires de commerce.

L'hôpital est construit de matériaux choisis, et qui ont été en grande partie pris dans le voisinage; ils n'attirent point l'humidité, et l'on n'en voit point de salpêtrés, ce qui est fort rare dans les autres constructions du pays. Construction de l'hôpital.

L'édifice a la forme d'un cloître, dont l'un des côtés

n'a pas été construit. On y distingue un corps central, faisant d'un côté et à l'est, face à la cour du cloître et au parc qui fait partie de l'enclos de l'hôpital ; du côté opposé, à l'ouest, il n'est séparé de l'église que par un petit espace : cette dernière le garantit des vents d'ouest, qui sont toujours froids et humides, et qui soufflent pendant presque la moitié de l'année.

Au milieu du corps central du bâtiment, qui comprend au rez-de-chaussée l'établissement des bains, la cuisine et la dépense, offices que je ferai plus particulièrement connaître, se trouve un beau et spacieux vestibule qui précède l'escalier principal de l'hôpital : cet escalier est à double volée ; il est remarquable par sa dimension, par sa commodité, par l'élégance de sa construction ; il conduit à un vestibule qui sépare le côté habité par les hommes malades, de celui habité par les femmes. De ce point, ainsi que de ceux qui lui correspondent, au rez-de-chaussée et au second étage, on peut, sans sortir, parcourir toutes les parties de l'hôpital, avantage immense qui ne se rencontre que bien rarement dans les hôpitaux les mieux ordonnés, et qui ont primitivement été construits à ce dessein.

Le corps central de l'hôpital comprend, au premier étage, deux salles de chacune vingt lits ; au second étage, deux salles d'une égale dimension ; celles de droite sont occupées par les hommes, celles de gauche le sont par les femmes ; en sorte, qu'un autel placé dans le vestibule dont j'ai parlé, permettrait aux malades de l'un et l'autre sexe d'entendre l'office divin en même temps et sans être confondus.

Du corps central de l'édifice partent deux ailes parallèles, régulières; elles sont séparées par une vaste cour carrée (l'ancien cloître), fermée par une grille formant l'entrée principale; le rez-de-chaussée de l'aile droite est affecté au service de la chirurgie; il se compose de deux salles de chacune vingt-cinq lits, d'un amphithéâtre ou salle d'opérations, et d'un cabinet pour les pièces anatomiques. Le premier étage est destiné au service de la médecine; il se compose d'une très-belle salle de cinquante-six lits, d'une salle de leçons pour la clinique interne, et d'un cabinet où sont placées en ordre toutes les pièces d'anatomie utiles à conserver; au second étage est une salle à peu près pareille où sont traités les vénériens.

Dans l'aile gauche se trouvent au rez-de-chaussée la porte ordinaire d'entrée, la salle de réception, la pharmacie, la lingerie. Au premier étage une salle de cinquante - six lits, pour les femmes appartenant au service du médecin; au-dessus une salle d'une égale dimension pour les femmes faisant partie du service de la chirurgie. Dans un corps de bâtiment, en retour de cette aile, et formant pavillon, sont disposées trois salles de petite dimension; deux reçoivent les femmes en couches, et permettent, dans les soins que réclame la maternité, de séparer la misère vertueuse de celle qu'enfante tous les genres de désordre et d'immoralité; la troisième est destinée aux femmes atteintes de la syphilis.

Telle est la disposition générale de l'hôpital, dont l'ordonnance et la distribution sont si bien calculées, qu'à tous les étages des courants d'air peuvent être établis dans tous les sens et à volonté : l'expérience a appris que, pour que des salles de malades soient salubres, il faut que la capacité des premières soit en proportion avec le nombre des seconds ; sans cette condition, toutes les autres précautions hygiéniques seraient illusoires ; c'est pour cela que Tenon veut que le rapport de la capacité des salles au nombre de lits soit tel, que chaque malade ait au moins six toises et demie cubes d'air à respirer. Nos malades de l'hôpital sont mieux partagés ; non-seulement leurs salles sont convenablement spacieuses, mais encore toutes les ouvertures étant symétriquement placées en regard les unes des autres dans le sens de la longueur, comme dans celui de la largeur, on peut en un clin d'œil procurer une ventilation qui renouvelle l'air des salles ; c'est à cet avantage qu'il faut principalement attribuer l'absence complète de cette espèce d'odeur d'hôpital qui frappe toujours plus ou moins l'odorat dans les établissements de ce genre les mieux tenus.

Les salles du premier étage ont quatorze pieds d'élévation sur trente-six de largeur ; les lits sont disposés sur deux rangs, laissant entre eux un espace de seize pieds ; les couches sont en chêne, elles sont larges de deux pieds et demi, longues de six ; elles sont élevées à dix-huit pouces au-dessus du sol ; les pièces en sont bien assemblées, bien jointes ; si elles étaient peintes

(marginal note) Rapport de la capacité des salles avec le nombre des malades.

vernies, elles auraient tout l'avantage des lits en fer, sans en avoir les inconvénients ; il existe entre chaque couche un espace de plus de trois pieds, ainsi qu'entre elle et le mur ; en sorte qu'on peut facilement circuler autour des malades.

Les fournitures de chaque lit se composent d'une paillasse de petit foin, piquée, que sur ma demande on a substituée aux paillasses ordinaires, qui avaient l'inconvénient de servir de repaire aux insectes, et qui rendaient le soin des lits plus difficile et plus dangereux pour les gens de peine ; un matelas, un traversin, un oreiller et deux couvertures de laine, complètent la fourniture ; il existe des toiles imperméables dont on fait usage pour garantir les matelas et les sommiers, lorsque les malades se gâtent ; c'est ainsi que dans aucuns cas ces derniers ne sont immédiatement couchés sur la paille, comme ils étaient autrefois avant l'invention de ces toiles.

Il n'existe point encore de rideaux dans l'hôpital : les opinions sur ce point sont partagées ; les uns sont pour, les autres sont contre. Sans vouloir ici traiter ce sujet avec tous les détails qu'il comporte, je dirai que la question est complexe, qu'elle ne peut être résolue d'une manière générale et absolue. Il est évident qu'il est des classes de malades pour lesquelles les rideaux sont nécessaires ; il en est d'autres pour lesquelles ils sont au moins inutiles : ils sont nécessaires pour les malades qui sont du ressort du médecin et pour les femmes en couches ; voilà ce qui est incontestable.

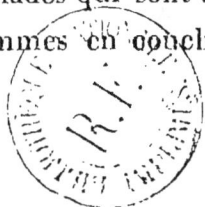

Rideaux.

2

Mais l'utilité des rideaux étant reconnue, au moins pour certaines salles, il reste encore à déterminer quelle est la forme qu'il convient le mieux de leur donner, quel est le tissu dont ils doivent être faits. Sur le premier point, je pense que la disposition la meilleure est celle dans laquelle une suite de rideaux seraient placés dans le sens de la longueur des salles, portés sur des tringles de fer, fixées à huit ou neuf pieds au-dessus du sol; un autre rideau, placé dans le sens de la longueur des lits, viendrait joindre à angle droit le premier rideau : de cette manière chaque rideau latéral suffirait pour deux lits. Au reste, l'expérience a déjà prononcé sur ce système de rideaux; il a été mis à exécution dans les infirmeries de l'hospice St.-Louis, et l'on a pu en apprécier tous les avantages.

D'abord, ces rideaux ne sont pas attachés aux couches, ils en sont à une grande distance; ils ne montent point jusqu'au plafond; ils ne peuvent, par conséquent, entraver la circulation de l'air, et ils ne sont pas exposés à être continuellement salis par une multitude d'accidents qui résultent toujours de la maladresse ou de l'imprévoyance des malades et des gens de service. Chaque malade peut, à volonté, être isolé des autres et placé dans une espèce de chambre : les agonisans peuvent facilement être soustraits à la vue de leurs voisins, et lorsqu'on veut renouveler l'air des salles, il ne faut qu'une minute pour ouvrir et fermer ces rideaux.

Mais quel est le tissu que l'on doit préférer pour

des rideaux d'hôpital ? Je ne balance pas à indiquer la toile écrue ; elle se salit moins vîte , elle se nettoie plus facilement que les étoffes de laine et de coton , qui ont de plus l'inconvénient de retenir la poussière et de s'imprégner à un haut degré des émanations nosocomiales.

Les salles de malades sont échauffées l'hiver au moyen de poëles calorifères : le mécanisme en est tel , que , placés dans les salles du premier étage, ils chauffent en partie celles du second ; le foyer est activé par l'air extérieur. C'est aussi ce dernier qui, fortement échauffé, en parcourant des canaux de fonte , ressort par des bouches qu'on peut fermer et ouvrir à volonté , et se répandant dans les salles, y entretient une température douce et convenable. Cette manière de chauffer est non-seulement bonne, salubre, mais encore elle est économique ; chaque poële calorifère ne consume que pour 3 fr. 5o c. de combustible en vingt-quatre heures.

Ajoutez à cette perfection intérieure que chaque salle a son escalier spécial, fermé d'une grille, son office à part, ce qui prévient toute communication entre des malades qui , pour le bon ordre et l'intérêt de leur santé, doivent être séparés les uns des autres. A chaque salle principale sont annexés de petites salles d'isolement , pour les individus atteints de maladies contagieuses, ou qui ont subi ou doivent subir des opérations qui commandent le plus parfait repos.

Ce n'était pas assez que l'Hôtel-Dieu de Caen offrît

Utilité de l'Hôtel-Dieu pour toutes les classes de la société , pour les malades nationaux et étrangers.

un asile et des secours de tous genres à la population indigente locale, l'administration des hôpitaux, à
la sollicitude de laquelle rien n'échappe, a voulu que
toutes les classes de la société pussent y trouver, en
payant une modique rétribution, certains moyens
de guérison d'une efficacité reconnue, que la science
et l'art ont perfectionnés dans ces derniers temps, et
qu'il est presque impossible de se procurer dans une
maison particulière. Jusqu'ici on ne les a trouvés qu'à
Paris, où on ne les obtient qu'à très-grands frais, et
par des déplacements pénibles : on voit que je veux
parler des douches, des bains de vapeurs simples,
aromatiques, etc., dont la médecine tire un grand
parti. Pour remplir son but, l'administration a mis
un certain nombre de chambres commodes, simple-
ment mais proprement meublées, et à différents tarifs,
à la disposition des malades pensionnaires, français et
étrangers ; c'est ainsi que l'utilité de l'Hôtel-Dieu a été
rendue en quelque sorte générale.

Des latrines. De toutes les constructions partielles et indispensa-
bles à un hôpital, il n'en est pas qui présentent plus
de difficulté à bien établir, que celle des latrines :
on sera de cet avis, pourvu que l'on parcoure les
établissements publics, où un grand nombre d'individus sont réunis et vivent sous la même règle ; c'est par-
là que pèchent nos prisons, nos maisons de détention, nos casernes, nos colléges, etc. On pourrait
même dire que dans la plupart de nos maisons particulières et de nos hôtels, on n'a donné qu'une très-

légère attention à cette partie de la distribution intérieure ; on l'a regardée comme tout à fait accessoire,
quoiqu'elle ait une grande influence sur la salubrité
publique et individuelle.

N'a-t-on pas lieu d'être surpris qu'on n'ait pas encore
profité, au moins dans les nouvelles constructions, des
découvertes modernes, et surtout de celles de MM.
Darcet et Cazeneuve, dont les travaux ont reçu dans
la capitale la sanction irrévocable des savants et de
l'expérience, et dont l'application a été rendue d'une
facilité presque vulgaire.

La construction des fosses d'aisance intéresse la santé
des hommes ; elle fait partie, sous ce rapport, de
l'hygiène publique ; elle est, par conséquent, digne de
fixer l'attention de l'autorité, surtout dans les grandes
villes, où les foyers d'infection sont si multipliés : l'autorité doit donc, dans l'intérêt de tous, faire surveiller
la construction de ces lieux privés, comme elle fait
surveiller celle des égouts, des cheminées, l'alignement
des maisons, l'érection des usines, etc.

Dans un hôpital, il faut que les lieux privés soient
très-près des malades, et que cependant ils soient ca-
chés à tous les regards ; qu'ils ne décèlent leur présence par aucune émanation. Cette perfection, très-
difficile à atteindre, se fait remarquer dans ceux de
l'Hôtel-Dieu.

Il en est d'affectés à chaque salle ; on y arrive par
un corridor ayant deux portes qui se referment d'elles-
mêmes et qui ne peuvent jamais être ouvertes en même

temps ; un courant d'air est ménagé de la porte à la fenêtre ; les sièges sont en bois peint ; ils sont mobiles, ils se changent et se nettoient facilement ; les conduits sont en fonte et ne permettent aucune transsudation ; enfin, la plupart des fosses ont des évents. C'est par l'ensemble de ces moyens qu'on a prévu autant que possible les inconvénients de l'odeur et de la négligence souvent involontaire des malades.

Cours et promenoirs.

Les cours et les promenoirs, sans lesquels les malades seraient condamnés à passer tout le temps de leur maladie et de leur convalescence dans leur lit ou leur salle, ce qui en prolongerait considérablement la durée, sont d'un secours inappréciable dans un hôpital ; c'est là que les malades essaient leurs forces et qu'ils en acquièrent ; l'exercice qu'ils y prennent développe leur appétit ; l'air extérieur, ainsi que le soleil, semblent les vivifier : ce sont de puissans moyens thérapeutiques que rien ne peut remplacer. Les cours de l'Hôtel-Dieu sont vastes, elles ne se commandent nullement ; on y accède par des voies distinctes, en sorte que dans tous les moments du jour les malades peuvent y circuler, sans que ceux d'un service soient confondus avec ceux d'un autre. Le parc, dans lequel de grands arbres sont plantés en avenues et en quinconce, qui prêtent un abri contre la violence des vents et l'ardeur du soleil, est ouvert aux pensionnaires malades exclusivement.

Indépendamment du vestibule qui précède chaque salle et qui sert de promenoir aux malades trop faibles pour monter et descendre les escaliers, le cloître qui règne dans tout le rez-de-chaussée de l'établissement est destiné à cet usage; c'est une promenade couverte, de la plus belle et de la plus grande dimension; les ouvertures sont en arcades élevées; elles donnent sur la cour commune et le parc. Mais pour que ce cloître serve de promenoir et qu'il en ait les nombreux avantages, il est indispensable que les ouvertures en soient fermées par des chassis vitrés, dont quelques compartiments mobiles s'ouvrent et ferment à volonté. Dans l'état actuel, ouvert de toutes parts, dans tous les temps de pluie et de vent, dans toutes les saisons, le cloître est dangereux à parcourir, non-seulement pour les malades, qui n'ont souvent pour unique vêtement que leur capote, mais encore pour les dames religieuses qui circulent à toute heure du jour et de la nuit, pour tous les gens de service qui sont frappés par l'air froid et humide, au moment où, venant de se livrer à des travaux de force, ils sont échauffés et couverts de sueur. Tant que cette clôture, que l'urgence réclame, ne sera pas faite, il faudra renoncer à entretenir dans toutes les parties de l'établissement cette température douce, uniforme, qu'il est nécessaire qui y règne pour hâter les guérisons, prévenir les rechutes.

Il est des offices dans un hôpital que l'on peut appeler communes, parce qu'en effet elles servent indistinctement à la population entière de l'hôpital, si je puis m'exprimer ainsi; de ce nombre sont la cuisine, la dépense, la pharmacie, les bains. Le choix

Des offices de l'hôpital.

de leur situation n'est pas indifférent ; il doit être tel, que de quelque point qu'on s'y rende, l'accès en soit prompt et commode : il faut, de plus, que la plupart des opérations qui s'y font soient soustraites à la vue de ceux-là même que leur devoir ou leurs besoins appellent momentanément dans ces offices, ils ne doivent en connaître que le résultat. Cette dernière condition est importante ; mais les localités s'opposent malheureusement trop souvent à ce qu'elle soit complètement remplie ; on verra encore que sous ce point de vue rien n'a été négligé dans l'Hôtel-Dieu de Caen pour atteindre la perfection la plus désirable.

Vous n'attendez pas, Messieurs, qu'en vous entretenant de ces offices de l'Hôtel-Dieu, j'entre dans les minutieux détails de leur construction ; quelque curieux et intéressants qu'ils soient, je ne dois les considérer que dans leur relation avec le sujet que je traite.

Cuisine. La cuisine, quoique placée à l'un des angles de l'édifice, n'en est pas moins à la portée de tous les services ; elle est spacieuse et très-bien éclairée ; ses dépendances ne laissent rien à désirer, elles sont en harmonie avec la pièce principale qui est voûtée.

La cuisine s'y fait au moyen d'un fourneau économique d'une construction vraiment admirable : c'est le même que celui de la maison royale de santé de Paris ; le mécanisme en est parfait. Par la manière dont les robinets d'eau chaude et d'eau froide, le potager, les rôtissoirs sont disposés, deux femmes suffisent pour préparer à quatre cents personnes les

aliments gras et maigres qui entrent dans le régime
alimentaire de l'hôpital, et cela en ne consommant
que pour 5 fr. de combustible ; encore, un réservoir
d'eau chaude de près de deux cents litres est-il perpé-
tuellement entretenu pour les différents besoins de la
maison.

A ces avantages purement d'économie, il s'en joint
de salubrité non moins remarquables ; tous les accidents
du feu ont été prévus pour les individus et le bâtiment ; la fumée sortant par des conduits souterrains ne
se répand jamais dans l'intérieur de la cuisine, n'incom-
mode point les gens de service, ne peut se mêler aux
aliments et en altérer le goût : ici la cendre qui s'é-
chappe toujours des foyers ordinaires , ne peut s'élever
dans l'atmosphère et s'attacher aux ustensiles de la
cuisine. Il en est de même du gaz oxide de carbonne,
si dangereux pour ceux qui le respirent, lors même
qu'il ne s'exhale pas en assez grande quantité pour
produire l'axphyxie. On ne consomme point de charbon
de bois.

Grâce à cette perfection du fourneau, cette odeur
si désagréable, qu'on désigne sous le nom de *graillon*,
qui est occasionnée par des matières alimentaires tom-
bées sur les charbons ou dans les cendres, et qui frappe
toujours plus ou moins l'odorat dans la cuisine des
grands établissements, et parfois de nos maisons particulières ; cette odeur de *graillon*, dis-je, ne s'est point
jusqu'ici fait remarquer dans celle de l'Hôtel-Dieu :
les eaux de vaisselle, partout ailleurs si fétides, si in-

commodes, lorsqu'elles sont stagnantes, et qui, pour
le dire en passant, contribuent à infecter les rues de
la ville de Caen, s'écoulent promptement par des aquéducs couverts.

Enfin, la cuisine ayant une arrière cour, toutes les
préparations culinaires qui pourraient blesser l'œil et
l'odorat sont soustraites à tous les regards : cette cour
établit une communication particulière avec la dépense, en sorte que les rapports de ces deux offices,
qui doivent être continuels, puisque l'une fournit en
grande partie les substances alimentaires que l'autre
prépare, ne sont aperçus que de ceux qui y sont attachés.

Le local de la dépense demandait une égale attention
relativement au choix de la situation ; il fallait de plus
avoir égard à la conservation des diverses provisions
et comestibles que cette office récèle. Toutes ces conditions essentielles se rencontrent dans celle de l'Hôtel-
Dieu ; les distributions s'y font sans confusion, avec
facilité et promptitude. L'intérieur ressemble assez à
un magasin de comestibles bien tenu, bien ordonné ;
des cases, des tablettes, des compartiments portant
étiquettes, préviennent toute erreur, renferment et
conservent chaque objet de consommation.

La boucherie se trouve en communication avec la
dépense dont elle fait partie : elle est remarquable en
ce qu'elle est voûtée, bien éclairée, et cependant garantie du soleil et des insectes ; l'air y circule libre-
ment ; la température y est fraîche dans l'été, et l'hiver
il n'y gèle point.

La dépense n'est séparée de la cuisine que par le réfectoire des gens de service ; les portes de ce dernier sont grandes et vitrées ; elles permettent une surveillance facile et inaperçue, qui n'a rien de désobligeant pour ceux qui en sont l'objet, et qui n'en contribue que mieux au maintien du bon ordre, du calme et de la décence qui doivent régner dans l'asile du malheur et de la souffrance. *Dépense.*

Le local de la pharmacie n'est encore qu'indiqué : on voit néanmoins qu'une réflexion éclairée a décidé le choix de son emplacement qui n'est séparé de la cuisine que par un double vestibule. Les travaux qu'exigent le laboratoire, la tisanerie, le magasin, l'officine et le logement du pharmacien, n'étant pas terminés, je ne puis en parler ; c'est une lacune que l'administration des hôpitaux ne tardera pas à faire disparaître, et que la pharmacie provisoire fait très-bien supporter. *Pharmacie.*

L'invention des bains remonte fort loin : on sait quel usage en faisaient les grecs et les romains ; on sait quel luxe, quelle magnificence, quel art ils mettaient dans la construction de ces établissements publics fréquentés par toutes les classes de la société, pour laquelle ils étaient un des premiers besoins. Chez ces peuples, les bains étaient ouverts beaucoup plus dans des vues de salubrité publique et de sensualité, que dans des vues de médication spéciale ; ils étaient enfin une conséquence des lois et des mœurs d'alors, qui voulaient *Bains.*

que tous les exercices du corps et de l'esprit fussent pris en commun.

Il serait curieux de connaître quelles sont les causes successives qui, d'un usage aussi fréquent et aussi universel des bains chez les anciens, nous ont conduits pendant des siècles à leur oubli presque complet : ces causes sont du domaine de l'histoire, elles sont par conséquent hors du cercle dans lequel je dois me renfermer.

Toujours est-il vrai de dire que l'usage commun des bains en France est d'une date récente ; que les grandes capitales du royaume ont été long-temps les seules qui possédassent des bains d'une construction passable. A Paris même, ce n'est guère que depuis un demi-siècle que les bains domestiques s'y sont multipliés, et ce n'est que depuis quelques années qu'on les a perfectionnés au point de les rendre vraiment mobiles ; car il est aujourd'hui presque aussi facile de prendre chez soi un bain entier, sulfureux ou de vapeurs, qu'il est aisé de s'y procurer un pédiluve ordinaire.

On peut juger de l'ignorance qui jusqu'ici a présidé à la construction des bains dans les villes de province, par ceux que la ville de Caen possède, où les hommes ne sont pas même séparés des femmes : la conception en est si mauvaise, l'exécution en est si grossière, qu'il serait fastidieux d'en faire ressortir tous les vices ; je préfère ramener votre attention sur les bains de l'Hôtel-Dieu, qui peuvent soutenir le parallèle avec ce qu'il y a de parfait en ce genre dans les maisons de santé les mieux famées de Paris.

Les bains de l'Hôtel-Dieu constituent à eux seuls une espèce d'édifice : le problème de leur construction était fort difficile à résoudre ; l'administration voulait que les bains servissent tout à la fois aux besoins de l'hôpital et à ceux de la province entière, aux malades indigens et à ceux qui vivent au milieu de l'aisance et des richesses. Il fallait enfin offrir au public malade un établissement où il fût attiré par l'espérance d'y trouver des remèdes efficaces aux maux qui l'affligent, tels qu'on peut les rencontrer dans la capitale ; il fallait voiler à ses yeux l'hôpital et toutes les images pénibles et répugnantes que l'aspect d'un pareil lieu fait naître.

Eh bien ! Messieurs, la solution de ce problème, que vous pourriez croire impossible, a été obtenue de la manière la plus satisfaisante. La persévérance la plus grande, de larges sacrifices d'argent, faits à propos, les avis des gens les plus versés dans l'art d'inventer et de construire les machines hydrauliques, les ouvriers les plus intelligens et les plus habiles ont concouru à cette grande œuvre.

Le zèle de l'administration a appelé l'intérêt de M. Péligot, membre de l'académie royale de médecine, et l'un des administrateurs des hôpitaux de Paris, auquel ces établissements de charité doivent en grande partie la perfection que l'on remarque dans leur construction et leur économie intérieure. Ses conseils, qu'on aurait vainement cherchés ailleurs, ont été d'une grande utilité ; il les a donnés avec un empressement généreux qui lui donne des droits réels à la reconnaissance des habitans de la ville de Caen.

J'ai dit que les bains représentaient une espèce d'édifice ; en effet, un beau vestibule sépare le côté des hommes de celui des femmes ; l'un et l'autre se ressemblent pour la disposition et la dimension : de chaque côté une salle voûtée fort belle , bien close, à l'abri de toutes les impressions de l'air extérieur et du froid , est destinée aux bains domestiques ; à côté est le local des bains sulfureux et des boîtes à vapeurs ; en face du vestibule, en regard de la principale porte d'entrée, sont les bains de vapeurs à la Russe, ainsi que la douche de vapeurs : ces vapeurs , selon l'indication que l'on veut remplir peuvent être simples ou aromatiques ; le corps entier peut y être exposé, ou bien n'y être présenté que partiellement au moyen d'une porte à vitraux , fort ingénieusement inventée, dont les carreaux mobiles sont de formes et de grandeurs différentes. Sans l'invention de cette porte, beaucoup d'individus ayant des obstacles à la circulation et à la respiration , en même temps qu'ils sont atteints de rhumatismes, de névralgies, d'affections herpétiques, etc., qui réclament impérieusement l'usage de bains et des douches de vapeurs , auraient été privés de cette ressource et condamnés à souffrir éternellement ; c'est au moins ce que l'expérience m'a déjà plus d'une fois démontré.

La douche verticale entre dans le système général des

bains.; elle a quarante pieds d'élévation et s'administre
en jet unique ou en arrosoir d'eau simple ou sulfu-
reuse : il existe des baignoires isolées pour les personnes
pensionnaires ou du dehors , qui ne veulent pas se
baigner dans les salles communes. Des étuves et des
lits de repos ont été disposés dans le voisinage pour
y recevoir les malades chez lesquels il est nécessaire
d'entretenir une perspiration soutenue et abondante,
sans laquelle ils perdraient en grande partie le béné-
fice qu'ils doivent retirer de l'emploi des bains. Partout
il règne une propreté remarquable , et même un luxe
bien entendu qui flatte l'œil , inspire et soutient la
confiance.

L'usine des bains est séparée de ces derniers par une
arrière cour qui n'est point aperçue; on y trouve la
même prévoyance que j'ai signalée en parlant de la
cuisine : on n'a point à y redouter les accidents du feu
ni l'explosion de la vapeur ; la fumée suit rapidement
des conduits souterrains, et toutes les eaux superflues
s'écoulent par des aquéducs profonds.

Je n'insisterai pas davantage sur le mécanisme des
bains ; il faut, pour bien l'entendre, avoir suivi avec
beaucoup d'attention et d'exactitude leur construction :
ce n'est qu'ainsi qu'on peut se faire une idée des obstacles sans nombre qu'il a fallu vaincre pour arriver à ce
résultat , qui fait que trois personnes suffisent pour
ce service , et que plus de soixante bains peuvent être
administrés en un jour.

Depuis long-temps on avait reconnu que la glace   Glacière.

employée à l'extérieur était un des moyens les plus
héroïques que la médecine pût opposer aux conges-
tions sanguines, cérébrales; qu'il était d'autres états
morbides pour lesquels aussi il était difficile de la remplacer, et que la ville de Caen comme l'hôpital récla-
maient qu'une glacière fût ouverte pour le besoin des
malades, où l'on délivrât de la glace à tout instant,
à bas prix et par fois gratuitement : beaucoup d'autres
motifs militaient encore en faveur de l'établissement
d'une glacière publique. La ville, en conséquence, en
a fait construire une d'une très-grande capacité, dans
l'enclos même de l'hôpital, et plusieurs pauvres malades ont déjà dû leur rétablissement et la vie à cette
munificence de l'autorité administrative.

Moyens de
transport des
malades.

Parmi le grand nombre d'indigens dans le cas d'in-
voquer les secours de l'hôpital, il en est qui sont dans
l'impossibilité absolue de s'y rendre de leur pied ; il
en est que leur position morbide ne permet pas de
remuer sans beaucoup de précautions, même dans leur
lit ; il en est, enfin, auxquels l'exercice est nécessaire, mais qui en sont privés, n'ayant pas l'usage de
leurs jambes.....

L'administration a prévu à tous ces cas particuliers ;
elle envoie chercher les malades à domicile au moyen
d'un brancard couvert, matelassé et à ressorts, porté
sur un train à quatre roues, traîné par un cheval ; ce
brancard, fort léger, s'enlève facilement du train, ce
qui fait que sans secousses les malades sont portés dans
les salles et les lits qu'ils doivent occuper; il y a dans

cette manière de transporter les malades une grande sûreté, une grande économie d'hommes et de temps.

Personne n'ignore que la consolidation des os fracturés exige un long et parfait repos ; cette condition est de rigueur, toutes les autres lui sont soumises : l'impossibilité dans laquelle on a été long-temps de faire le lit des malades ayant des fractures compliquées, rendait leur position doublement insupportable. La même attitude observée constamment, déterminait des inflammations ulcératives très-douloureuses des régions sur lesquelles le corps reposait ; les gens de l'art luttaient en vain contre cet inconvénient qui entravait plus ou moins la cure. On y remédie facilement aujourd'hui dans l'Hôtel-Dieu à l'aide d'un encadrement mécanique qui s'adapte à chaque lit ; un seul homme soulève un malade et sans lui imprimer aucun mouvement douloureux, fait son lit et en renouvelle toutes les fournitures.

L'une des maladies les plus graves à laquelle la femme qui vient d'accoucher est exposée, est sans contredit la péritonite : on sait que les douleurs qui accompagnent cette maladie sont si vives, que les malheureuses qui les éprouvent restent immobiles dans leur lit ; elles ne peuvent supporter le poids des couvertures les plus légères, à plus forte raison celui d'aucuns topiques ; les bains de vapeurs simples, entre autres moyens, leur procurent un soulagement notable ; on les leur administre à l'Hôtel-Dieu avec une petite machine à vapeurs très-portative ; elle se place au pied du lit, et la ma-

Lit à armature.

Ustensile portatif à vapeurs.

lade , dont les couvertures sont soutenues par des cerceaux, prend ainsi , sans se mouvoir, un bain de vapeurs permanent , qui amène toujours un calme plus ou moins sensible , et à la suite une moiteur des plus salutaires.

Enfin , outre les fauteuils qui servent aux convalescents ordinaires, ils existe dans l'hôpital un fauteuil mécanique que la personne qui l'occupe dirige à son gré , qu'elle fait marcher elle-même sans aucune impulsion étrangère ; les paraplégiés en reconnaissent tout le prix ; sans lui ils resteraient tristement attachés à leur lit ou à leur chaise comme des parasites inanimés.

Quoique les mécaniques dont je viens de vous entretenir ne soient que d'une utilité spéciale, comme la médecine en fait une application heureuse et journalière , qu'elles peuvent servir de modèle et être mises à la disposition des personnes non indigentes de la ville, qui probablement ne les connaissent pas , j'ai cru devoir ne pas les omettre en vous parlant de l'organisation matérielle de l'Hôtel-Dieu.

Je passe maintenant à un objet d'une importance topographique plus directe , je passe à l'examen de l'air, de l'eau et de quelques parties du régime alimentaire.

De l'atmosphère de l'hôpital. Ce n'est ni en physicien ni en chimiste que je considérerai l'air, ou plutôt l'atmosphère qui enveloppe l'Hôtel-Dieu ; je ne vous présenterai pas non plus d'observations météorologiques, il en faut faire pendant des siècles pour en tirer une conséquence à peine utile, et la translation de l'hôpital ne date que de deux années : mes remarques seront générales, elles se borneront aux suivantes.

L'atmosphère qui environne l'Hôtel-Dieu est semblable à celle de la campagne ; elle en a toute la salubrité ; elle est plus pure que celle de la ville ; elle est beaucoup moins chargée d'humidité et d'émanations organiques ; lorsque la ville est enveloppée d'un brouillard qui la dérobe à la vue, l'hôpital en est souvent exempt ; l'atmosphère y étant continuellement agitée dans tous les sens, les couches supérieures viennent purifier les inférieures. Ces avantages sont communs sans doute à toutes les situations élevées ; mais ce qu'il y a de particulier ici, c'est que l'hôpital, comme je l'ai déjà fait remarquer, est garanti des vents d'ouest, qui sont les moins favorables, et qu'il est principalement exposé à ceux du nord et nord-est qui viennent de la mer, qui sont les plus secs, les moins chargés d'émanations étrangères, par conséquent les plus salubres.

L'eau n'est pas moins utile à l'homme que l'air, De l'eau. elle a une influence non moins grande sur sa santé. Cette vérité a été proclamée il y a plus de deux mille ans, par le père de la médecine, et l'expérience de tous les jours ne fait que confirmer cet oracle.

L'eau qui sert aux besoins de l'Hôtel-Dieu vient de deux sources ; elle est tirée 1°. d'un puits profond dont la source est abondante, par une pompe à manège mue par un cheval ; l'eau est reçue dans un réservoir commun qui la fournit dans tout le rez-de-chaussée de la maison. Cette pompe, qui naguère fut établie pour le dépôt de mendicité, est entrée dans la concession faite aux hospices ; elle suffit à tous les besoins : l'économie a fait une loi de la conserver, quoiqu'une machine à vapeurs qui fournirait l'eau à tous les étages, à toutes les offices de l'hôpital, en même temps que dans plusieurs quartiers de la ville, lui fût de beaucoup préférable.

Quoiqu'il en soit, l'eau de l'Hôtel-Dieu est diaphane, sans couleur, inodore et sans saveur ; elle cuit bien les légumes ; elle dissout moins bien le savon. D'après l'analyse chimique qui en a été faite avec soin et que je crois inutile de relater ici, on doit conclure qu'elle contient en dissolution un peu d'air atmosphérique, de l'acide carbonique, du sulphate, de l'hydrochlorate et du carbonate de chaux : dissous à la faveur de l'acide carbonique, chaque livre d'eau contient environ un grain de sulfate, autant de carbonate, et un demi-grain de muriate. Cette proportion est peu considérable, elle est loin de nuire à sa qualité; on a reconnu que les eaux qui contiennent des sels en petite quantité sont meilleures, toutes choses égales d'ailleurs, que celles qui n'en contiennent pas du tout.

2°. Indépendamment des eaux de puits qui servent aux principaux besoins de l'hôpital, on utilise aussi celles du ciel qui se réunissent dans un réservoir souterrain : ces eaux ne peuvent servir que pour les lavages ; elles n'arrivent dans la citerne qu'après avoir balayé toutes les cours et s'être chargées de corps étrangers qui en altèrent la pureté : il serait facile de les rendre potables en les recueillant avec plus de soin, au moyen de gouttières et de conduits de fonte ou de grès.

Le régime alimentaire de l'hôpital est gras ou maigre. Le régime gras ne varie jamais; il consiste en potages au pain, au riz, au vermicel ou à la fécule de pomme de terre, en bœuf ou veau bouilli, rôti ou grillé ; la volaille ne se donne que par exception.

Régime.

Le régime maigre varie suivant les saisons ; le poisson, les œufs, les légumes frais dans l'été, et secs dans l'hiver ; les fruits cuits, les gelées végétales en forment la base.

Le lait mérite un examen à part; il est donné tout à la fois comme aliment et comme médicament ; il est toujours d'une très-bonne qualité ; il est fourni par des vaches nourries dans l'établissement, au milieu de bons pâturages.

Le lait est d'une grande ressource pour les malades phtisiques auxquels on ne peut permettre le moindre aliment solide, sans voir augmenter leur fièvre et leur oppression ; ils prennent le lait pur ou en bouillie pour unique aliment et l'hydrogale pour boisson; dans l'été ils vivent presque exclusivement de gros lait : on en fait plusieurs distributions dans la journée.

Beaucoup de malades atteints d'affections de poitrine et d'irritations chroniques de l'estomac, ont dû leur rétablissement à ce régime entièrement lacté, qu'il est bien difficile, pour ne pas dire impossible, de faire suivre dans les autres hôpitaux où le lait n'arrive qu'après avoir passé par plusieurs mains et après avoir été plus ou moins sophistiqué.

Le cidre, qui est la boisson du pays, est aussi celle de l'hôpital; les malades civils la préfèrent à la bière et au vin : ce dernier, rouge ou blanc, n'est jamais prescrit que dans des vues thérapeutiques particulières, pour hâter les convalescents, etc.

Rapports des dimensions de l'hôpital avec la population de la ville.

Malgré les dimensions monumentales extérieures de l'Hôtel-Dieu, il n'a pourtant intérieurement que celles qu'il doit avoir pour remplir le but de sa destination. Quatre cents malades au plus peuvent y être admis à la fois, y recevoir des consolations et des soins. Si l'on y réfléchit, on verra que ce nombre est en proportion avec la population de la ville, qui est à-peu-près de quarante mille ames, avec l'importance et l'extention ultérieure qu'elle ne peut manquer d'acquérir; avec la force habituelle de sa garnison; enfin avec les explosions épidémiques probables contre lesquelles il est prudent de se prémunir.

Maladies traitées dans l'Hôtel-Dieu.

Toutes les maladies, toutes les infirmités aiguës et chroniques y sont reçues sans distinction d'âge ni de sexe, excepté l'épilepsie et l'aliénation mentale. Les militaires sont séparés des civils, mais tous sont soumis au même règlement administratif.

Vingt-quatre religieuses cloîtrées, de l'ordre de St.-Augustin, sont chargées de l'économie intérieure de l'hôpital; elles s'acquittent de leurs saints devoirs avec un zèle et une attention qui se retrouvent jusque dans les moindres détails, et qu'on ne pourrait raisonnablement exiger d'individus mus par d'autres sentiments que ceux d'une piété qui est de tous les instants ; c'est elle qui donne à ces filles de Dieu un courage qui ne se lasse jamais pour supporter l'aspect dégoûtant de toutes les infirmités humaines, et l'ingratitude trop ordinaire de ceux mêmes qu'elles servent avec tant de dévouement.

Pour qu'on soit à même de connaître, sans y consacrer trop de temps , quel est le nombre et les espèces de maladies qui sont traitées chaque année dans le service dont je suis chargé, je fais dresser des tableaux synoptiques qui indiquent mois par mois les maladies qui ont été traitées avec succès , celles qui se sont terminées par la mort , celles qui ont offert assez d'intérêt pour être recueillies jour par jour sur le registre de clinique.

On voit, par celui de 1824, annexé au compte moral que je rends à l'administration des hôpitaux , que sur un total de sept cent quatre malades entrés dans le courant de cette année , trente-sept ont succombé, ce qui établit la proportion d'un à dix-neuf. Cette mortalité est peu considérable, si l'on fait attention qu'au nombre des décès se trouvent des individus fort âgés et atteints d'affections chroniques rendues incurables par la négligence, la misère, ou des traitements incendiaires. Plusieurs de ces malades sont morts peu

Mortalité.

d'heures après leur entrée à l'hôpital, ou le lendemain ; aussi, est-ce dans les malades civils que le nombre des morts est le plus grand : pour les hommes, il est de onze sur cent trente-six, c'est-à-dire, comme un est à onze ; dans les femmes il est de dix-huit sur deux cent dix, c'est-à-dire, comme un est à dix ; tandis que chez les militaires il n'est que de huit sur trois cent cinquante-neuf, c'est-à-dire, comme un est à quarante-cinq ; parce que ces derniers sont plus jeunes, qu'ils ne sont guères atteints que de maladies aiguës ; qu'ils vivent dans des habitudes hygiéniques plus heureuses ; qu'ils sont envoyés à l'hôpital dès l'invasion de leurs maladies ; qu'enfin ils sont fort dociles à observer le régime et le traitement qui leur sont prescrits.

Moyens de connaître les maladies des artisans de la ville, et d'avoir une hygiène applicable à cette dernière.

Il serait fort intéressant de connaître et de comparer les résultats obtenus par le dispensaire, qui traite les malades à domicile avec ceux de l'Hôtel-Dieu ; et qu'à l'imitation de celui de Paris, il rendît publics ses travaux cliniques ; c'est ainsi qu'on parviendrait à avoir un tableau exact et détaillé de toutes les maladies des artisans de la ville de Caen, et une hygiène spécialement applicable à cette dernière.

A Paris, le dispensaire qui n'est point à la charge du gouvernement, et qui n'est entretenu que par une souscription volontaire, s'acquitte chaque année de ce soin. A Caen, où c'est la ville qui fait les fonds, il suffirait qu'elle invitât MM. les médecins du dispensaire à concourir à ce travail, pour qu'ils missent de l'empressement à lui donner cette nouvelle preuve de leur zèle et de leur désintéressement.

La mort étant une conséquence inévitable de la vie, il a fallu consacrer des enceintes communes où l'on déposât les restes inanimés des humains. L'usage d'inhumer les corps privés de vie se perd dans la nuit des temps; il a été soumis à des règles qui ont varié à l'infini, mais dans lesquelles on a toujours eu plus ou moins égard, à la religion, à la morale, à la politique, à la salubrité publique.

L'expérience, dont malheureusement les leçons sont trop souvent perdues pour tout ce qui concerne la santé publique, a appris que les émanations sépulchrales pouvaient être mortelles pour les individus qui y étaient exposés; c'est sur cette connaissance qu'est fondée l'ordonnance de 1776, qui défend d'inhumer dans les villes et les églises. L'autorité doit veiller à son exécution ainsi qu'à celle des autres règlements de police sanitaire, qui s'opposent à ce qu'aucune habitation soit construite près des cimetières, même à la campagne.

D'après ces considérations, le cimetière de l'Hôtel-Dieu a dû être l'objet d'une attention spéciale, et trouver place dans un exposé topographique médical. Il est à la distance de 475 mètres de l'hôpital, d'où il est impossible de l'apercevoir; il est enclos de murs et masqué par une plantation; il est situé au nord-est de la ville, parfaitement isolé; sa surface représente une étendue de 1,500 toises; le terrain en est sec et incliné; son étendue a été calculée sur la proportion connue de la mortalité annuelle, sur la connaissance

que l'on a du temps qu'exige la dissolution entière d'un
corps déposé dans un terrain analogue, quoiqu'on ait
la certitude que trois années suffisent pour amener
cette décomposition, ce ne sera cependant qu'au bout
de dix ans que les mêmes terres sépulchrales seront
de nouveau remuées; elles le seront alors sans danger
pour le voisinage et pour ceux qui seront préposés à
cette triste opération ; la profondeur des fosses est de
six pieds ; elle est assez grande pour qu'aucune émanation ne s'en élève dans les temps les plus chauds,
et pas assez pour retarder la fermentation cadavérique.
On laisse entre chaque fosse un espace de trois à quatre pieds : les inhumations se font le matin ; elles sont
uniformes, silencieuses. Dans aucuns cas on n'y admet
de distinctions humaines ; elles n'ont jamais lieu que
vingt-quatre heures après la mort, à moins de circonstances prévues par les règlements de police et les
lois de l'hygiène.

Tels sont, Messieurs, les points de topographie médicale sur lesquels j'ai eu en vue d'appeler aujourd'hui
votre attention ; j'aurai rempli mon but, si par le seul
aperçu que je viens de vous donner, vous pouvez avoir
une idée de l'Hôtel-Dieu de Caen , de ce monument
ouvert par la charité la plus fervente à l'indigence et
à la douleur , et qui, presqu'encore inconnu de la
population pour laquelle il a été élevé, fait l'admira-
tion des étrangers qui viennent de toutes parts pour
le visiter.

Il me reste à vous dire un mot de l'Hôtel-Dieu de

Caen, considéré comme établissement d'instruction médicale.

Le même amour du bien qui a préparé un asile convenable aux pauvres malades, et qui a mis à notre disposition tous les moyens thérapeutiques propres à soulager leurs maux, a voulu de plus ouvrir à ceux qui se destinent à la carrière de la médecine, une source précieuse d'instruction pratique qui rivalisât avec celles de nos grandes capitales, et qui pût contribuer à soutenir la célébrité universitaire que la ville de Caen s'est acquise depuis des siècles.

L'hôpital considéré comme établissement d'instruction médicale-pratique.

Des salles de clinique et de consultation, des amphithéâtres sont ouverts aux élèves en médecine; c'est-là que des cours réguliers sont faits par le médecin et le chirurgien en chefs de l'établissement; c'est-là que l'un et l'autre se livrent après leurs visites, à des recherches, à des entretiens cliniques, qui sont le complément des réflexions faites aux lits des malades.

Une maîtresse sage-femme, instruite, est chargée de répéter les leçons d'accouchements aux élèves sages-femmes, et de les diriger dans la pratique des accouchements, dont la surveillance appartient au chirurgien en chef, qui fait tous ceux qui sont laborieux et contre nature.

On concevra facilement que l'Hôtel-Dieu soit un hôpital d'instruction, si l'on fait attention qu'indépendamment des maladies communes à tous les âges comme aux deux sexes, celles qui sont particulières à l'enfance, aux femmes en couches, à certaines professions, à la vie militaire, etc., y sont reçues ; que non-seulement les malades indigens de la ville y viennent chercher des secours, mais souvent encore ceux de tous les points du département qui ne trouvent pas dans le lieu qu'ils habitent de remèdes à leurs maux. A la vérité ces malades n'y sont admis qu'avec l'agrément de la première autorité administrative du département ; mais l'autorisation n'est jamais refusée quand la demande est motivée. Les malades étrangers servent d'autant mieux à l'instruction, que leurs maladies sont en général plus rares, plus graves, plus difficiles à traiter, qu'elles exigent souvent des opérations et des médications qui sortent de l'ordre ordinaire.

L'Hôtel-Dieu n'étant pas un hôpital purement spécial, les malades s'y succèdent avec une rapidité suffisante. Les élèves qui veulent suivre la clinique peuvent le faire avec d'autant plus de facilité et de fruit, qu'ils trouvent dans le même établissement une source continuelle et variée de cas pathologiques qu'il faut, dans beaucoup de capitales, aller chercher dans plusieurs hôpitaux très-distants les uns des autres.

Un relevé exact des maladies traitées dans les deux services de santé, et l'examen des registres de clinique, fourniraient la preuve de ce que j'avance, si à cet égard il s'élevait le moindre doute.

L'Hôtel-Dieu de Caen a tous les caractères d'un hôpital d'instruction ; en effet, un nombre assez considérable de malades, soumis à tous les genres d'investigation que la médecine possède ; la faculté pour les élèves de recueillir à chaque instant et par écrit , les symptômes des maladies ; de comparer et de mettre en regard les différentes affections morbides et les malades entre eux ; la publicité des observations cliniques ; celle de l'examen des corps, que l'on peut faire à volonté et commodément après la mort ; enfin , les recherches cadavériques auxquelles on met toute l'attention et le temps nécessaires , donnent aux observations qu'on y recueille toute l'importance et la garantie médicale que l'on peut exiger.

A la clinique de l'Hôtel-Dieu les malades sont interrogés , examinés publiquement ; les symptômes sont recueillis en présence des élèves ; ils sont inscrits jour par jour sur un registre ; lorsque le malade guérit , l'observation est remise au net et lue aux élèves : si la maladie a une issue fatale , on lit l'observation et l'on procède avec beaucoup de soin à la recherche des altérations morbides qui la constituent ; on s'attache à rapprocher les phénomènes morbides observés pendant la vie , des altérations organiques trouvés après la mort. C'est ainsi qu'on peut former et rectifier son jugement ; c'est ainsi qu'on peut acquérir des connaissances positives en médecine : hors de là il n'y a plus que vague et hypothèse. Les observations faites à l'hôpital ne sont rédigées dans l'intérêt d'aucun système, d'aucune doctrine, d'aucune idée préconçue, mais bien dans l'intérêt de la vérité seule. Elles forment déjà une collection nombreuse où l'on peut puiser des matériaux utiles.

Toutes les pièces d'anatomie pathologiques qui présentent quelqu'intérêt, sont préparées et conservées par les élèves internes; le nombre en est déjà assez considérable et s'accroît chaque jour; elles sont disposées en ordre; chacunes d'elles portent un numéro correspondant à celui du catalogue, où se trouve aussi la note historique de chaque pièce.

Sous les rapports de l'instruction clinique, notre Hôtel-Dieu offre donc toutes les ressources désirables; mais il n'est pas l'unique établissement qui puisse concourir à ce but. La ville possède encore un hospice ayant de belles infirmeries, et dont la population est de cinq cents individus; elle a une maison centrale de détention, d'une population quadruple, et qui peut plus ou moins directement servir aussi à l'instruction médicale.

A côté de ces établissements publics, qu'il me soit permis d'en placer un qui, quoique particulier, n'a cependant ni moins d'importance ni moins d'utilité que ceux dont je viens de parler.

La maison des aliénés du Bon-Sauveur, dont l'existence est tout à fait indépendante du gouvernement, n'en est pas moins un des établissements d'aliénés les plus considérables, les plus beaux et les mieux tenus du royaume. Outre les pensionnaires particuliers qui y arrivent de toutes parts, de la France et de l'étranger, les aliénés des deux sexes à la charge du département, y sont admis et occupent un local à part, ce qui permet de les faire servir à l'étude des affections mentales, et me justifie d'avoir fait entrer l'établissement des aliénés du Bon - Sauveur en ligne de compte, parmi ceux qui peuvent alimenter la clinique.

Si l'on joint à toutes ces sources d'instruction, une riche bibliothèque ouverte au public pendant tout le temps de l'année scholaire ; un cabinet d'histoire naturelle ; un jardin de botanique , disposé suivant le système de Jussieu ; des cabinets de physique ; des laboratoirs de chimie bien montés ; une faculté des sciences, où la physique, la chymie et l'histoire naturelle sont enseignées par des professeurs habiles , on sera forcé de convenir que la ville de Caen a des droits incontestables à réclamer une institution médicale d'un ordre élevé, et elle en soutiendrait l'éclat; car s'il appartient aux hommes supérieurs de créer et de faire valoir les institutions, on ne peut non plus disconvenir que les institutions forment aussi les hommes , qu'elles excitent leur zèle, développent leurs talents , fécondent leur génie ; c'est ce qui ne pourrait manquer d'arriver dans un pays comme le nôtre, où l'esprit des habitans a dans tous les temps été de préférence porté vers l'étude des lettres et des sciences; on en trouve la preuve dans l'histoire académique de la ville de Caen.

FIN.

L'Académie ordonne l'impression de ce mémoire.
HÉBERT, Secrétaire.

www.ingramcontent.com/pod-product-compliance
Lightning Source LLC
Chambersburg PA
CBHW070920210326
41521CB00010B/2262